懂懂鸭 著

# 茶，一片树叶里的中国

## 大器晚成

### 江北茶区

电子工业出版社
Publishing House of Electronics Industry
北京·BEIJING

茶，作为我国的国饮，已经深深渗入我国五千年的历史文化中了。从神农尝百草初次发现它的药用功效，到唐朝饮茶风俗传向大江南北，传统的中国茶道自此形成。宋朝，人们还在喝茶上玩出了新高度，热闹的斗茶在此时盛行。到了明清时期，制茶和饮茶都走向了简化，人们更爱冲泡散茶，并将饮茶之风带到了世界各地。如今，我国已然成为世界最大的茶叶生产国和消费市场，拥有西南、华南、江南、江北四大茶区。

# 序 吃茶的上下五千年

神农氏亲尝百草，教会人们开荒种地、吃药治病。传说他曾因尝草一天身中72种毒，直到吃到茶叶才得以解毒。自此，人们便把茶叶当药物使用，或将它加入饭菜中。

神农尝百草，茶叶脱颖而出

隋唐时期流行煮茶饼。那时人们煮茶不仅要放茶末，还会放盐、葱、花椒、陈皮等调味料，饮时连茶末一起喝掉，有滋有味。不过，陆羽认为这种饮茶法不雅，推崇单煮茶叶的清饮方式，他还写出了我国第一部"茶叶百科全书"——《茶经》，被尊为茶圣。

煎茶

唐 煎茶法：从浓汤到清饮

宋 点茶法：手打泡沫茶

明清 泡茶法：回归简单的本真

宋朝人淘汰了煎茶法，而用点茶法。它与煎茶法最大的不同就是不再用锅煮茶末，而是将茶末放入茶盏里，直接用开水冲点，然后再用茶筅反复击打出泡沫。它和抹茶很相似，既可以直接喝又可以用来斗茶。

点茶

1. 投茶

2. 洗茶

3. 滤茶

4. 分茶

明清时期是制茶和饮茶技艺大变革的时代，这时流行散茶、叶茶，红茶、乌龙茶等新茶类先后被创制出来。人们也更爱用茶壶泡茶，且重视冲泡技巧和茶叶本味，并沿用至今。潮汕工夫茶就是泡茶道茶艺的集大成者。

# 五颜六色的六大茶类

新鲜茶叶都是绿色的，只是因为对茶叶的加工工艺不同，导致发酵程度不同，使得茶叶中的茶多酚被氧化，逐渐产生茶黄素、茶红素等深色物质，才相继出现了绿茶、白茶、黄茶、青茶（乌龙茶）、红茶、黑茶这宛如调色盘的六大茶类。

## 最·鲜爽 绿茶

发酵度：0
香气：花香型、清香型、嫩香型
滋味：清淡香扬
茶性：凉性
最佳水温：75℃~80℃
绿叶绿汤——绿茶

绿茶是我国最主要的茶类，它只经杀青（防止变红）、揉捻（整形）、干燥（去湿）这几个工序，保住了鲜叶中大量的天然物质，因此颜色最绿，味道也最新鲜清爽。

## 白茶 最·简单

发酵度：5%~10%
香气：花香型、清香型、甜香型 ★☆
滋味：清甜爽口
茶性：凉性
最佳水温：75℃~80℃
满身白毫——白茶

白茶主要采用茶芽制作，工序也最简单，只经过晾晒或干燥工序，因此茶形最完整，白毫毛也最多，看起来如银似雪。但它会在后期储存中轻微发酵，滋味比绿茶更清淡回甘。

## 最·平和 黄茶

发酵度：10%~20%
香气：嫩香型、花香型、焦香型 ★★
滋味：甜爽
茶性：凉性
最佳水温：85℃~90℃
黄叶黄汤——黄茶

把未干燥的绿茶放到湿热的环境中闷黄一小段时间，使它产生轻微的氧化变色，就得到了"黄叶黄汤"的黄茶了。因苦涩的茶多酚减少了，它的茶味比绿茶更平和甘甜。

# 青茶

# 红茶

# 黑茶

| 发酵度：30%~60% ★★★☆ | 香气：清香型、浓香型 | 滋味：香浓微苦 | 茶性：中性 | 绿叶镶红边——青茶 |
|---|---|---|---|---|
| 最佳水温：95℃~100℃ | | | | |

青茶（乌龙茶）有一个显著特点——绿叶镶红边，即叶子边缘发酵变红了，但中间还是绿的，因此它属于半发酵茶。它综合了绿茶和红茶的工艺和口味，既清香又浓醇。

| 发酵度：80%~90% ★★★★ | 香气：火香型、焦香型、甜香型 | 滋味：香浓甜润 | 茶性：温性 | 红叶红汤——红茶 |
|---|---|---|---|---|
| 最佳水温：95℃~100℃ | | | | |

红茶是全发酵茶，它的茶多酚几乎都被氧化了，产生了大量的茶黄素和茶红素，还增加了单糖、氨基酸和香气物质。因此它不仅"红叶红汤"，而且茶味极其香甜浓郁。

| 发酵度：60%~80% 后发酵 ★★★☆ | 香气：木香型、陈香型 | 滋味：醇厚甜润 | 茶性：温性 | 深沉发酵——黑茶 |
|---|---|---|---|---|
| 最佳水温：90℃~100℃ | | | | |

黑茶的发酵，是把揉捻后的茶叶直接堆积起来，洒水保温，利用微生物来促进茶叶内含物质转化。它的颜色最深、口味最厚实凝重，常被做成砖茶、饼茶等紧压茶。

俗话说：壶内乾坤大，茶中岁月长。仅仅是冲泡一杯茶都大有讲究。它既要考虑选取什么样的茶具，又要运用精准巧妙的手法来冲泡、分茶，以保证茶的色、香、味俱佳，使品茶者能够充分领略茶所带来的绝妙享受和美妙意境。于是博大精深的茶艺诞生了。

## 泡茶是门大学问

紫砂壶

但凡讲究的茶艺表演，要用到的茶具是非常繁多的。单是冲泡前，就要用到茶海、茶则、茶匙、茶荷、茶夹等备茶、理茶器；冲泡要用茶壶或盖碗；品茶和分茶则少不了闻香杯、公道杯、品茗杯等茶杯。

### 茶具，种类繁多

公道杯

茶道用具

水盂

散茶荷

茶叶

客杯

客杯

客杯

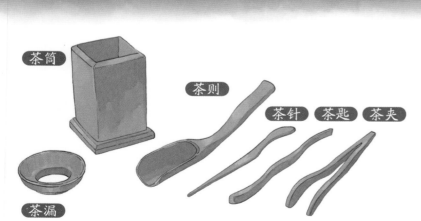

茶筒

茶则

茶针　茶匙　茶夹

茶漏

### 茶道六君子

茶筒（装茶具）、茶则（量取茶叶）、茶匙（挖茶渣）、茶漏（放在壶口，防止茶叶掉落）、茶针（疏通）、茶夹（夹茶杯防烫），合称茶道六君子，一般用竹木做成，是茶道必不可少的组合器具。

大茶壶·烧水

小茶壶·泡茶

### 大小茶壶

烧水用大茶壶，泡茶则用小茶壶（如紫砂壶）。小茶壶做工精细，泡茶更甘甜香醇。

### 公道杯

公道杯是分茶专用杯，敞口大肚，用来均匀衡量每杯茶的浓度、茶量，以示"公道"。

## 冲泡，没那么简单

如果茶类、茶叶老嫩、水温不一样，那么它们的冲泡法也是大相径庭的。常用的冲法有高冲、低注、回旋、凤凰三点头等，泡法则根据茶具不同分为壶泡法、盖碗泡法以及玻璃杯泡法。

**出味——悬壶高冲**

提壶从高处往茶壶中注水，水流小而连续，让茶叶随水翻滚，充分受热，挥发出茶味。

**保温——低注法**

贴近壶口快速注水，意在减少热量损失。常用于红茶、普洱茶等高温冲泡茶。

**让茶叶起舞——回旋法**

先往茶杯中央注水，再绕杯口旋转注入，使得茶叶上下沉浮旋转，增加品茶情趣。

### 冲泡方法

用手腕力量将水壶由低至高连续起落，反复三次，使茶叶在水中翻动。

### 注意事项

1.手肘放平，不要缩手，使其看着美观。

2.倒水时，均匀使力。

3.注水时，注意手腕与手肘需要有不疾不徐的节奏。

**好看的茶礼——凤凰三点头礼**

由高至低，上下往返三次注水。这时壶嘴随之一起一落，犹如凤凰点头，又像在行三叩首礼，是泡茶技巧和艺术的结合。

# 目 录

# 群星璀璨的产茶大省——安徽

　　安徽深居华东腹地，省内面积不大，却是名茶辈出的产茶大省，拥有六安瓜片、祁门红茶、黄山毛峰、太平猴魁、屯溪绿茶等众多名茶。这些名茶大多产自皖西和皖南，淮河和长江在这里平行穿过，大别山与九华山、黄山隔着长江遥遥相望，山川壮丽，风土宜茶也宜人。后来这些徽茶经由走南闯北的徽商之手，销往五湖四海，名头就更响亮了。

# 隔江相望的东南奇峰

从空中俯瞰，皖西大别山与皖南黄山、九华山等三大山系就像安徽稳重的底盘，隔着滚滚长江高高耸立，犹如临阵对峙一般。其中，重峦叠嶂的黄山以奇松、怪石、云海等独特景观闻名于世，素有"五岳归来不看山，黄山归来不看岳"的美誉。

## 长江与淮河的分水岭——大别山

大别山如同一条巨龙横亘在湖北、河南和安徽的交界处，并用绵延的山体将淮河和长江连接起来。山内北麓河流汇入淮河，南麓河流则流入长江，南北的气候和植物有着明显的差异。

## 有趣的地质现象——壶穴

降雨使河流变得湍急，带动上游的石块往下流，但若石块遇到岩石凹处则容易被困住，只有借助水流的持续冲刷，才能把障碍磨穿，最终留下似壶如井的圆形孔洞，这就是壶穴了。

### 壶穴的形成原理

1. 流水夹裹着小石头，在基岩与裂纹交汇处磨蚀出较小的坑洼。

2. 小坑洼在石头涡流研磨过程中不断变大，坑底残留"中心轴"凸起。

3. 坑洼在水流冲刷下逐渐形成口小、肚大、底平、四壁光滑的壶穴。

# 黄山归来不看山

　　黄山是由花岗岩构成的石山，前山岩石疏松多裂缝，已经被风化成球状，看起来浑厚壮观；后山岩石坚硬稠密，不易被风化，显得峻峭挺拔。它集雄奇秀丽于一山，明代旅行家徐霞客登临黄山时，发出"登黄山，天下无山，观止矣"的感叹。

## 云上观海

　　黄山的美景多在云雾里。云雾薄时，飘忽不定如同白纱，将高峰和奇松怪石烘托得扑朔迷离，如梦似幻。雨雪过后，云雾变浓，铺天盖地，漫无边际，让人如临大海。

猴子望太平

猴子观海石又叫猴子望太平，是黄山北海景区狮子峰上的奇石。它像独坐在孤峰之巅的老石猴，云起时观云海翻涌，云散时赏绿野平畴。

仙人指路石

仙人指路石远看好像一个仙人，他一手向上高举，似乎在给游人指路。

飞来石

黄山光明顶的飞来石，高十几米、重数百吨，和底下的岩石平台接触面积很小，又向前倾斜，看起来摇摇欲坠，就像从天外飞来的一样。

## 黄山迎客松

　　迎客松在黄山玉屏楼旁，背靠山岩直立，只有一侧长出斜长的枝丫，就像在伸手欢迎远道而来的游客。

# 走千走万，不如淮河两岸

淮河处黄河和长江之间，流经豫、皖、苏三省，自古以来就是南北方天然的分界线。它的中下游地势平缓，气候温和，本是经济繁荣、文化昌盛之地，但自黄河夺淮后，淮河两岸旱涝灾害频发，进入数百年的动荡期。直到新中国成立后，对淮河进行全面治理，建立了苏北灌溉总渠，淮河两岸才重回海晏河清。

## 淮河新河道——苏北灌溉总渠

苏北灌溉总渠是疏导淮河水流的人工渠。它西起洪泽湖，东经扁担港进入黄海，近似直线，既能分流淮河洪水，又可灌溉下游地区，且淮河也重新获得了入海口，真是一举多得。

## 失去入海口的大河

1194年，黄河冲破河南大堤，一路南下侵夺淮河的河道，无力抵抗的淮河从此失去了入海口。它转头南下，汇成了洪泽湖，最后通过扬州流入长江，留下了一片淤积荒废的淮河故地。

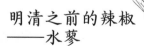

### 明清之前的辣椒
### ——水蓼

水蓼红灼灼的花穗像稻穗低垂，叶子味道辛辣，它是古代的"辣椒"之一。

## "日出斗金"洪泽湖

洪泽湖原是浅水小湖，淮河南下后，将它和周边的湖泊、洼地连成一片，形成了烟波浩渺的大湖。它既是水库又是航运枢纽，还是渔业生产基地。

## 水中落花生——菱角

菱角水上开花、水下结果，类似花生。幼嫩的菱角小角尖尖、甜脆味美。

菱角·茎

菱角·叶片

菱角·果实

## "下湖"干活

皖北和苏北到处都是河汊滩涂，人们因地制宜，将淤泥堆积成一块块高出水面的垛田。人们耕种时必须划着小船过来，因此当地人称下地为"下湖"。

采摘

## 相辅相成的徽商和徽茶

徽茶，最初是指古徽州出产的茶叶。这里早在唐宋时期就已茶园遍地，所产茶叶量大质优，"万国来求"。至明清时期，徽商崛起，将徽茶推陈出新，把六安瓜片、祁门红茶、太平猴魁等徽茶打造成了响当当的国内外名茶。

### 徽茶文化的传播者——徽商

徽商就是来自徽州的商人，最初主要经营茶叶等土产。明清时期，徽商发展到了巅峰，他们将茶庄开遍大江南北，还成功将徽茶远播海外。屯绿、祁红等名优徽茶，都是在此时由徽商创制并推向市场的。

### 无芽无梗的六安瓜片

绿茶多推崇嫩芽，但六安瓜片却剔除茶芽，它无芽无梗，茶叶都是单片的"瓜子形"。这样虽然失了嫩芽的青草味，但同时也少了茶梗的苦涩味，茶汤更平和甜醇。

古徽州包括祁门、婺源、黟县、歙县、休宁、绩溪六县，都藏在皖南赣北山区狭长的谷地里，山多地少，交通不便。好在这里有一条新安江盘绕岭而过，让徽州人能够沿江而下。

茶汤

干茶

鲜茶

茶底

茶底

茶汤

干茶

筛网滚压

手工捏尖

干茶

茶汤

茶底

太平猴魁

形似『青菜干』的尖茶——

太平猴魁两头尖尖，"不散不翘不卷毛"，因此又被称为"尖茶"，乍一看还以为是小青菜干呢。冲泡后，茶叶膨胀肥大，好似在水中摇动的青荇，散发出兰香茶韵。

**筛网滚压**

太平猴魁的独特外形得益于筛网滚压工序：将杀青后的茶叶一枝枝理直、理平，然后摊开，用筛网压住，最后拿木滚轻轻滚压，就得到平伏挺直的茶叶了。

**祁门红茶冲泡次数的汤色对比**

快速出汤 第一泡　第二泡　第三泡　第四泡　第五泡

祁门红茶，不是一般的香

祁门红茶的香气似花似果又似蜜，非常独特。这种"祁门香"来源于"祁门种"茶树，它富含钱牛儿醇（玫瑰香）、沉香醇（百合、兰花香）、苯甲醇（苹果香）等物质，让祁门红茶即使加入牛奶也照样香醇。

# 祝茶声中过大年

在安徽黟县，"吃茶"是春节的重头戏。年前就要张罗好食桃、茶叶、茶叶蛋、点心等年节用品了。到了大年初一，人们相互祝贺新年后，便围坐在八仙桌旁，享用热气腾腾的茶水和琳琅满目的锡格子茶点。

1. 碾米粉

## 打制食桃年味浓

一到寒冬腊月，黟县家家户户就开始忙着打食桃了。这是一种用米粉做成的粉团，被木模压成了既像云朵又像桃子的扁平状。制作时需经过碾米粉、揉粉团、入模打制、上蒸笼、点红晾干等众多工序。

2. 揉制粉团

## 精雕细刻的食桃模

打制食桃的模具是用桃木或枣木做成的，上面精雕细刻着各种吉祥图案，印到食桃上，象征着人们对新年的美好祝福。

3. 入模打制

18

红枣

挂面

鸡蛋

花生

## 锡格子茶，开年见"喜"

锡格子茶是安徽黟县的特色早茶。"锡格"就是装茶点的锡器，"子"则是指茶叶蛋，茶有甜茶和清茶，点心有千张酥、寸金糖、花生糖等。它们都堆放在圆塔形的锡格里。其中锡寓意"喜"，层层叠叠的锡格则寓意"年年高"。

## "烧茶"待贵客

"烧茶"是旧时安庆招待贵客的一种礼仪，其实它"烧"的是菜，如挂面配鸡腿，或五香茶叶蛋配红枣花生等。常用在拜年时或婚宴前，用来招待特别尊贵的亲戚或司仪。

## 徽州名点——寸金糖

寸金糖只有寸把长，内包酥松可口的芝麻馅，夹层嚼劲十足，外面还裹着白芝麻，香甜喜人。既寓意新年"开门见金见银"，又有"一寸光阴一寸金"的警醒意味。

茶叶蛋

寸金糖

花生糖

千张酥

4.上蒸笼

5.点红晾干

# 一枝独秀的中原茶区——河南

河南在中原的腹地，大河的南岸。它西高东低，西边自北向南分别被太行山、伏牛山、桐柏山、大别山围成半环形，山峰耸峙，黄河和淮河一北一南穿山绕岭而下，浇灌出中部和东部广袤肥沃的黄淮海平原。这里是殷墟、洛阳、开封等中原古都所在，同时还是一枝独秀的信阳毛尖的故乡。

## 南太行的奇峰峻岭

河南省内的太行山又称"南太行"，它就像一堵壁立千仞的高墙拦在晋南高山和豫西平原之间，巍巍屹立千年，劈开了我国第二阶梯和第三阶梯，也分隔了黄土高原和华北平原。从华北平原远眺，它犹如平地起高楼；但若从西北俯瞰，它又像悬崖边的奇峰，集雄奇秀丽于一身。

### 落在云上的山峰——云台山

云台山常年云雾缭绕，从中原远眺好似落在云朵之上的仙山。山上有飞瀑、茱萸峰以及北方岩溶地貌，风景迷人。晋代时，曾吸引竹林七贤来此饮酒赋诗。

### 亚洲最大落差瀑布——云台天瀑

云台天瀑发源于山西高原，虽然水量不大，但仅是它从314米高山喷涌而下的气势就足够壮观了。它远看像天女飘下的纱巾，近观又似一条细长的镶珠银链，光彩夺目。

### 云台地貌

云台山主体是碳岩，且有百川汇流，风化作用又强，造就了众多石墙的陡峭长崖和深切峡谷，与南方的岩溶地貌截然不同，因此地质学家称它为"云台地貌"。

## 遍插茱萸，
## 重阳登高

重阳正逢秋冬之交，疾病多发。古人认为茱萸能祛病消灾，所以每逢重阳登高，大家都爱头插茱萸或佩戴茱萸香囊。

### 千仞绝壁上的古村——郭亮村

郭亮村是建在南太行绝壁上的古村，它被深邃的峡谷和陡峭的山崖团团包围，难进难出，村民历经数年凿通可通汽车的绝壁长廊——郭亮洞挂壁公路。

# 广袤的中原沃土

中原又称中州，它在古代九州的中央，既有"母亲河"黄河作依托，又有平坦肥沃的耕地，足以使它成为古代文明的摇篮和舞台。人们在此精耕细作、兴修水利；野心家群雄并起、逐鹿中原、攻城略地；文人墨客吟唱诗经汉赋、唐诗宋词，心怀家国，留下了蔚为壮观的历史文化遗产。

## 河流的赠礼——华北平原

华北平原是黄、淮、海河流泥沙沉积成的平原，以黄河为界，往北是海河平原，往南是黄淮平原，统称黄淮海平原。

## 中原多古都

自夏朝至宋朝这三千多年里，以河南为主的中原，一直是我国的中心，古都最多。太行山下的安阳是商朝古都；洛阳则是十三朝古都；开封承载了整个北宋的繁荣和风流，清明上河图就是那时繁荣盛世的明证。

茶汤

干茶

鲜茶

## 淮南茶，信阳第一

信阳毛尖是豫茶之王，苏东坡赞它是淮南第一茶，以肥厚多毛、香高味浓著称。刚泡开时，绿汤中布满根根白毛，略带浑浊，初入口偏苦涩，再回味又有熟板栗般的甘甜，唇齿留香。

## 姚黄魏紫

姚黄魏紫既是个成语泛指名贵花卉，也是牡丹中的极品。姚黄花色淡黄、明亮大气，是"牡丹之王"；魏紫花朵重瓣丰满，花色紫红迷人，被誉为"牡丹之后"。

## 北国江南，江南北国——信阳

信阳在河南最南端，这里是淮河上游、大别山北麓，山清水秀，气候宜人，交通便利，利于种茶、制茶还有销茶。

## 洛阳牡丹真国色

"洛阳地脉花最宜，牡丹尤为天下奇。"牡丹花朵硕大丰满、富丽端庄，是太平盛世和富贵人生的象征。唐宋时期，洛阳已经有系统的牡丹栽种技艺和狂热的赏花习俗了。

# 千里黄河水滔滔

"黄河之水天上来，奔流到海不复回。"
黄河就像一条长长的巨龙，盘在我国北方。它发源于青藏高原的山麓盆地，中间穿越西北广袤的沙漠、草原和高原，呈"几"字形高高隆起，并裹挟黄土高原巨量的泥沙冲刷华北平原，直奔大海。

## 一碗水半碗沙

黄河是世界上含沙量最大的河流，它每年要从黄土高原携带16亿吨泥沙，其中12亿流入海洋，4亿留在下游，因此有"一碗水半碗沙"以及"跳进黄河洗不清"的说法。

## 黄河九曲，唯富一套——河套平原

黄河"几"字湾两侧有三块肥沃的土地——西套、前套及后套，统称河套平原。它们前有贺兰山、阴山等高大山脉阻挡内蒙古高原来的风沙，后有滔滔黄河带来的充足灌溉用水和肥沃淤泥，成为水土肥美、宜农宜牧的"塞外江南"。

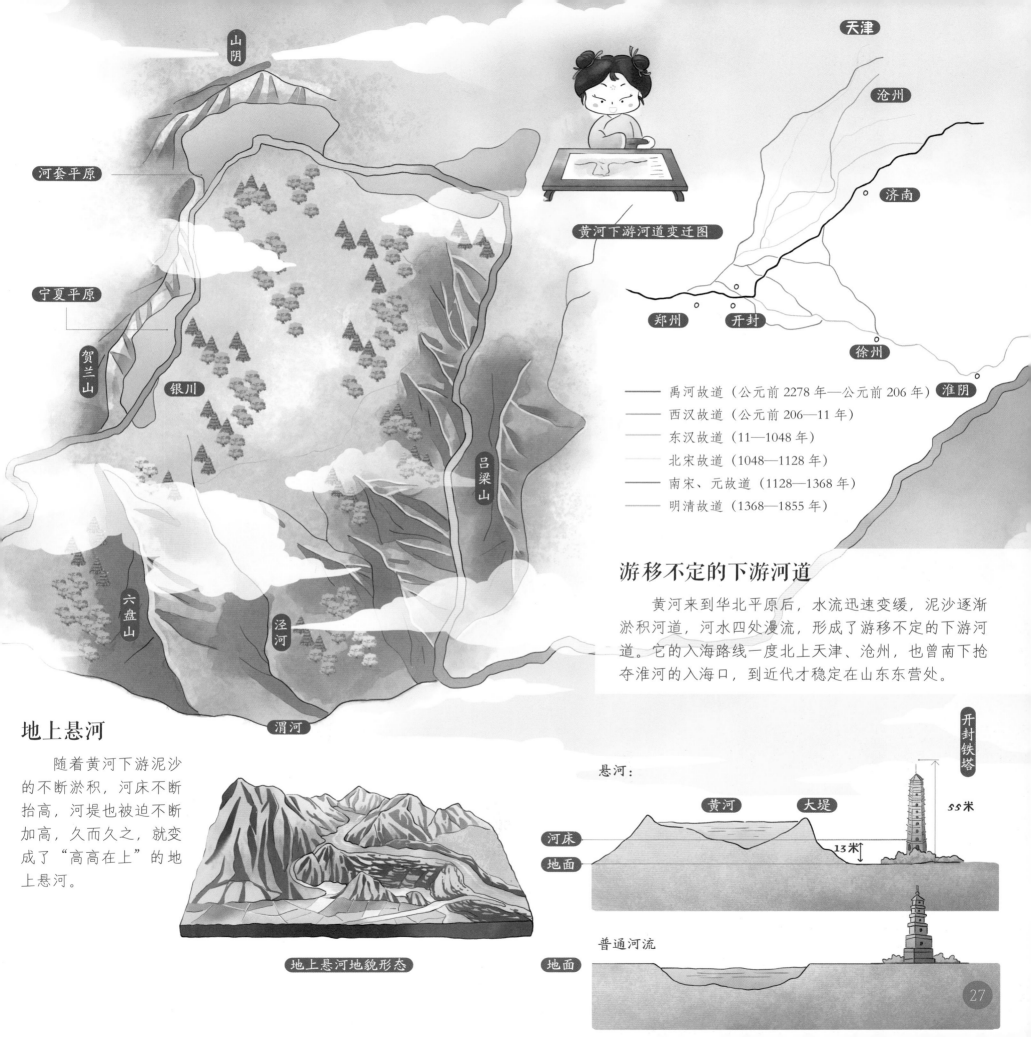

山阴

河套平原

宁夏平原

贺兰山

银川

六盘山

泾河

渭河

吕梁山

天津

沧州

济南

郑州　开封

徐州

淮阴

黄河下游河道变迁图

—— 禹河故道（公元前 2278 年—公元前 206 年）
—— 西汉故道（公元前 206—11 年）
—— 东汉故道（11—1048 年）
—— 北宋故道（1048—1128 年）
—— 南宋、元故道（1128—1368 年）
—— 明清故道（1368—1855 年）

## 游移不定的下游河道

黄河来到华北平原后，水流迅速变缓，泥沙逐渐淤积河道，河水四处漫流，形成了游移不定的下游河道。它的入海路线一度北上天津、沧州，也曾南下抢夺淮河的入海口，到近代才稳定在山东东营处。

## 地上悬河

随着黄河下游泥沙的不断淤积，河床不断抬高，河堤也被迫不断加高，久而久之，就变成了"高高在上"的地上悬河。

地上悬河地貌形态

悬河：

黄河　　大堤

开封铁塔

55米

河床
地面

13米

普通河流

地面

# 治河那些事

黄河水太过浑浊也太过不羁，它一直是中下游人们的心腹之患，历朝历代都没有停止过与它的斗争。自大禹治水、东汉王景"宽河固堤"到潘季驯"束水攻沙"，历代的治水要诀都是防洪，措施不外乎修堤、理渠等手段。直到新中国成立后，人们才开始着手对黄河进行全流域治理，尤其是对中游的退耕还林还草和下游的防洪治沙一体工程，成效显著。

## 跨越北疆的三北防护林

黄河最大的问题就在于泥沙太多，为了减少泥沙来源，人们开始在它中上游植树种草，筑起了一道留住水土、跨越北疆的"绿色长城"。它让毛乌素沙漠变绿，使黄河部分河段变清。

## 潘季驯：用黄河水冲黄河沙

明代的潘季驯是"治沙"专家。他主张将河堤筑得高大坚固，以便将黄河水牢牢锁在堤内，利用水力来冲走淤泥，如果黄河水不够用，就引淮河水一起冲刷，简称"束水攻沙"。

### 古代防汛神器——埽工

埽工是古人在与黄河洪水抗争中创造的独特河工器材。它是用柳树等树枝和芦苇、秸秆等草类加土块、石头捆成的大块，类似今天的沙包，既可以拿来抢险堵口，又能扩大堤岸。

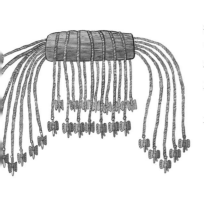

大禹是传说中最早治河成功的功臣。当时中原洪水滔天，而他父亲鲧因治水不力被杀，他临危受命，改"堵"为"疏"，带领各部落挖山掘石、疏通水道，三过家门而不入，历时十三年，终于将肆虐的洪水排入大海。

## 大禹治水，改堵为疏

## 王景治水，安流八百年

东汉初，黄河、汴渠（沟通黄淮的水道）同时决口，水利专家王景带头巩固郑州至利津长达千里的河堤，给河水留足出路（宽河固堤）；并大修汴渠，控制入渠黄水，保持了其通航、灌溉能力。此后黄河安稳了八百多年，人称"王景治水，千年无恙"。

## 一举多得的小浪底水库

小浪底水库位于黄河中游最后一段峡谷的出口。它的水面不足300平方千米，却控制了黄河流域超过90%的水量，库底还沉积着近百亿立方米的淤泥，可谓防洪、蓄水、治沙三头并进。

# 北茶第一省——山东

　　山东如同一只展翅欲飞的雄鹰盘踞在我国东部。中部高高隆起的泰山是它的脊骨，独尊五岳、傲视群山。东面低缓的丘陵半岛是其颈部，盛产香高味浓的海岸绿茶。而呈"十"字形穿省而过的滚滚黄河和鲁西大运河，则是它的两条主动脉，哺育了齐鲁肥沃的土地和繁荣的农业。

# 会当凌绝顶，一览众山小

说到名山大川，就少不了五岳，它们分布于中原的四方和中央，位置独特、山体高峻。五座山中，泰山雄伟，华山险绝，衡山秀丽，恒山清幽，嵩山居中，各有特色。

**五岳独尊——泰山**

泰山既不是五岳中最高的，也不是最险的，那它为什么能成为五岳独尊呢？皆因它是东部大平原上的最高峰，且是接近天空、大海以及日出的地方，最受历代皇帝推崇。

**秀丽的南岳衡山**

衡山是湘南盆地中的孤山，是五岳中最南端的山。这里气候暖，降雨多，山上的植被和云雾也多，因此显得尤其幽深秀丽，别有风韵。

**"中央之山"中岳嵩山**

嵩山如卧龙雄踞中原，山下就是古都洛阳和滔滔黄河，因此自古以来就被认为是"中央之山"，有"王者之气"。其文化底蕴深厚，山上随处可见文物古迹，如少室山的少林寺已成为嵩山的标志。

## 低调清幽的北岳恒山

古代的北岳其实有两个——山西恒山和河北大茂山。山西恒山成为"北岳"不过数百年，而且它藏于晋北高原之中，显得相对低调。山中奇峰陡峭、寺庙悬空，山色清幽静美。

## "天下奇险"西岳华山

华山是五岳中最高、最难攀登的山，屹立于渭河平原和秦岭之间。当人们沿着狭窄陡峭的登山道爬到半坡时，只见前路陡峭难行，背后白云茫茫、深不见底。

33

# 大河入海流

山东是黄河入海前流经的最后一个省，长期以来，黄河一直像个大钟摆在此来回摆动，深刻改变了这里的水文地貌。无论是省内最大的湖泊——微山湖，还是鲁东日益扩大的三角洲，都得益于这条日夜奔流不息的大河。

## 会长土地的地方——黄河口

自从黄河固定在东营入海后，每年为河口携带泥沙，造陆约20平方千米，日积月累，堆叠成了广阔肥沃的三角洲湿地。

### 富有视觉冲击力的水色锋

在河水与海水的交界处，经常可见明显的分界线——水色锋，它是因河水和海水颜色、密度不同而产生的水文现象。而像黄河口的水色锋，已经是一片颜色深浅不一的立体区域了。

### 美丽聪明的黑嘴鸥

黑嘴鸥外表十分抢眼，它头部纯黑，只留下眼周两个白月牙，身披灰白羽毛，长腿红艳。它总是把鸟巢筑得高高的，即使涨潮也不易被淹，还会用叫声给渔民预报天气："早哇阴，晚哇晴，半夜哇来到天明。"

## 山东第一大湖——微山湖

微山湖由微山湖、南阳湖、独山湖、昭阳湖这"南四湖"连贯而成，是黄河南泛的杰作。虽然平均水深只有1.5米左右，但湖区烟波浩渺、莲叶田田、物产丰饶，是船民赖以生存的水乡家园。

### 逐水而居的船民

旧时微山湖的船民世代住在船上，过着逐水而居的生活。他们的家是生活、生产两用的窝棚船或楼子船，前舱储藏东西，中舱住人，后舱做厨房。船民不仅以船为家，还以船谋生，常常结成船帮一起捕猎，有拉网捕鱼的网帮、兼营捕鱼和猎鸭的枪帮以及使用罩、叉的罩帮等。

# 孔孟之乡

　　山东是儒家创始人孔子和著名思想家孟子的家乡，因此这里的儒家文化气息极其浓厚。位于鲁西尼山脚下、泗水河畔的曲阜，正是孔子修炼君子六艺、教育三千门徒、心怀天下的地方。

## 传承千年的思想流派——儒家

　　儒学是古代传承久远的主流思想。儒学家也称儒家，他们都以孔孟为典范，注重自身修养（做君子），主张与他人和谐相处（仁爱）。

### 大教育家孔子

　　孔子知识渊博，十分擅长教育。他坚持有教无类、因材施教，开创了私人讲学的风气，教出了三千弟子、七十二贤人。这些门徒把他的学说发展壮大，并将他的言行记录成《论语》，直到今天我们依然能从中感受到孔子的循循善诱之心。

### 儒家不是文弱书生

　　儒家常给人一种文弱书生的感觉，但其实它是主张文武兼修的。孔子就认为君子应该精通礼（礼仪）、乐（音乐）、射（射箭）、御（驾车）、书（书写）、数（计算）六艺。

礼（礼仪）

御（驾车）

## 围观祭孔大典

　　随着儒家学派不断壮大，孔子被尊为"万世师表"，为了表达对他的尊崇和怀念，历代都会举办隆重的祭孔大典。典礼上会用编钟、编磬等奏乐，出动八佾舞，搭配释奠礼和乡射礼，集乐、歌、舞、礼于一身，是儒家礼制和尊师重道的体现。

### 最高规格的祭祀礼——八佾舞

　　"佾"指乐舞的队列，八人一行为一佾，八行八列共六十四人就是八佾。祭孔时，舞者峨冠博带，在悠扬的古乐中，手持干戚（武器）、雉羽或龠（像笛子的乐器）起舞，动作整齐划一，倍显庄严。

书（书写）

数（计算）

乐（音乐）

射（射箭）

## "云蒸雾润"趵突泉

趵突泉是济南的名泉之首，古泺水的源头。池水清澈见底，池底有三股泉水源源不断地涌出，乍一看好似一个不停翻滚的"大锅"，水温在18℃左右，水面偶尔会升起一层薄薄的烟雾。

### 充满烟火气的路边茶摊

除了高雅的茶社，旧时济南也有专卖大碗茶的茶摊。这些茶摊通常取泉水烧制，茶壶和碗是瓦质的，灶是泥砌的，风箱是木造的，茶叶是粗糙的，时时冒出浓浓的烟火气，吸引人们来偷得浮生半日闲。

# 分外香浓的鲁茶

受气候等因素影响，山东历史上不盛产茶。直到新中国成立后，推广南茶北引，加上进步的防寒抗冻技术，山东逐渐发展出自己的名茶。这些茶叶主要是绿茶，茶叶粗厚，含有更多的维生素、矿物质和对人体有益的微量元素。

干茶

茶底

鲜茶

茶汤

## 外表粗放、内涵丰富的日照绿茶

日照临近大海，气候湿润，昼夜温差大，非常有利于茶叶中维生素和微量元素的积累，也塑造了日照绿茶虽外表粗放（叶片厚）但内涵丰富（香气高、滋味浓、耐冲泡）的特性。

## 向北迁徙的茶树——南茶北引

茶树本是"南方之嘉木"，为了就近解决北方的饮茶需求，人们将安徽、浙江的茶种引种到山东、陇南、内蒙古等地。山东崂山、日照等地，因为水热条件优良，引种最为成功，实现了大规模种植。

## 槛外残棋花下茗

趵突泉旁的望鹤亭是明清老茶馆，馆内用趵突泉水冲泡茉莉花茶，色如琥珀、清香四溢，还有热闹的梨花大鼓戏可看。

### 能让旧茶壶重生的老手艺——锔茶壶

茶壶多是陶器、瓷器，脆而易碎，这就需要用铜钉把它缝合好。铜钉两头有钩，打在裂缝两边可以稳固缝合。因为茶壶壶壁很薄，所以非常考验铜匠的手感和眼力。

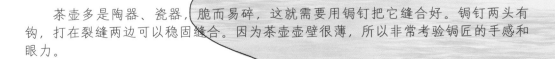

# 历经沧桑的西北主茶区——陕西

陕西地势狭长，自北向南高高隆起。以秦岭为界，北面是黄土高原，沟壑纵横、黄土漫天。高原下有肥沃的关中平原，这里是关中的粮仓，秦汉隋唐的故地。南面有高大的秦巴山阻挡寒潮风沙，气候温暖湿润，也是陕西乃至西北最主要的茶区，紫阳毛尖、汉中仙毫等西北名茶都产于此。

# 千沟万壑的黄土高原

黄土高原是一块盘桓在西北的巨大黄泥盘，连年累月的巨大风沙为它带来了厚实的黄土层，剧烈的降雨和奔流不息的黄河塑造了它千沟万壑、峁（mǎo）塬相间的地貌。还有勤劳朴实的西北人，他们"面朝黄土背朝天"，以窑洞为家，翻山越岭，努力进行着耕耘。

## 鱼鳞坑

黄土高原土质疏松。为了减少水土流失，当地人在山坡上挖出半圆形或月牙形土坑，一个个交错排列，形如鱼鳞。坑内既可以蓄水又能种树，保持水土和绿化环境双管齐下。

『高桌子』黄土塬

黄土塬是黄土堆成的"高桌子"。它的顶部平坦开阔，就像一块小平原，十分适合用来发展农耕。

『大馒头』黄土峁

黄土峁是孤立的黄土丘陵，顶部浑圆，山坡向四周倾斜，坡度变化明显，看起来好似一个大馒头或驼峰。

## 豪迈奔放的生命之歌——信天游

千百年来，黄土高坡人即兴创作了大量曲调高亢、感情奔放的民歌——信天游。它唱尽了陕北人的爱恨情仇，凝结了人们与自然和命运相抗争的心路历程。

长条的黄土墚

黄土墚是长条状的黄土丘陵，左右与沟谷平行。顶部宽度可能只有几十米，但长度却能达到几十千米。

在黄土里穴居——窑洞

早在四千多年前，我们的祖先就已发现黄土高原气候干燥，土层又黏又硬不易倒塌。于是他们在黄土沟壁上挖洞穴居住，这就是取材自然、冬暖夏凉的窑洞了。

# 一山分南北——秦岭

秦岭是一个庞大的山系，它宽200多千米，长800多千米，仅凭一己之力就把我国一分为二，山北是雄伟苍凉的黄河流域，山南则是温暖湿润的长江流域。

秦岭

**一条道自古华山**

华山属于秦岭的一部分，它陡峭险峻，让人望而生畏。曾经只有华山峪这一条登山道可供攀爬，它起自玉泉院，路经五里关、青柯坪、千尺幢、老君犁沟，最后也只到达华山主峰中最低的北峰。

**薄如刀刃的苍龙岭**

苍龙岭在北峰下方，山体苍黑，势若游龙，因而得名。它长百余米，但宽度不足一米，登山道就开在薄如刀刃的山脊上，两面都是千尺绝壑。

华山

苦糖果

苍龙岭

长空栈道

蝎子草

**胆战心惊的**
**长空栈道**

长空栈道位于华山南峰的东侧山腰，它是在绝壁上镶嵌石钉，上铺木椽筑成的。游客到此，落脚只有方寸之地，脚下就是万丈深渊。

**的浓甜芳香苦糖果香**

苦糖果又叫无核樱桃。它有浓烈的果香，味道很甜，只是外形太像裤衩，被人们戏称为"裤裆果"。文人雅士觉得不雅，就取了它的谐音"苦糖果"作名字。

**亦毒亦药蝎子草**

蝎子草的叶缘长满了粗长的"牙齿"和刺毛，如果不小心被它扎到就会像被蝎子蜇了一样，麻痒难耐。这时只要把叶片揉烂成汁，涂到伤处，就能止痒，因此说它亦毒亦药。

# 夹在山沟沟里的"聚宝盆"

关中盆地和汉中盆地是镶嵌在陕西起伏群山中的两块绿宝石，它们仅一山（秦岭）之隔，风貌却迥然不同。每年5月初，关中八百里秦川春意始浓，土地初耕，遍野牛驴；而此时的汉中却已是绿浪起伏、稻子抽穗、油菜丰收，充满夏日风情。

## 最早的天府之国——关中盆地

关中盆地狭长而平坦，外有黄土高原和秦岭作为天然屏障，又有东函谷关、西散关、南武关、北萧关拱卫，固若金汤；内有泾、渭水等河流灌溉，土地肥沃，物产丰饶。

## 中国五大黄牛之首——秦川牛

秦川牛力大无穷又任劳任怨，是我国黄牛之首。早在西周，关中就已经开始驯养秦川牛了，它是开发关中平原的重要畜力。

## 关中人的"老伙计"——关中驴

关中驴是大型驴。它头颅高昂、眼大有神，身体略长，高大漂亮，是关中人三千多年来的"老伙计"。旧时人们犁地耕田、推碾拉磨、拉车，乃至婚嫁都离不开它。

**东方宝石——朱鹮**

　　朱鹮俗称红鹤，是秦岭的吉祥鸟。它头顶红冠、身披白羽，有着仙鹤的绝美姿态。当它展翅飞翔时，可以看到翅膀下闪耀着朱红色的光芒，因此又被誉为"东方宝石"和"鸟中美人"。

**连接关中和四川的枢纽——汉中盆地**

　　汉中盆地夹在秦岭和大巴山之间，这里河水不冻、冬无积雪、田野青青、树茂水美、朱鹮成群，是典型的南方风光，也是陕西的另一块"天府之国"。

## 八水绕长安

古都西安是一个水网密布的城市。它北有泾河汇入，南有涝（láo）、沣（fēng）、潏（jué）、滈（hào）、浐（chǎn）、灞（bà）六水环绕，平缓的渭河从中间穿城而过，使得隋唐长安成为著名的"陆海"（比喻湖泊池沼多）。

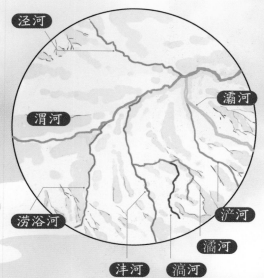

## 泾渭分明

渭河是黄河最大的支流，而泾河则是渭河支流，当两者交汇时，一清一浊，清晰的分界线绵延数里。后来人们就用"泾渭分明"比喻界线清楚、是非分明。

## 灞桥折柳送别

灞桥在西安东边的灞水上，是东出长安的必经之路。唐朝时，灞桥设有驿站，两岸垂柳依依，人们都在这里送别自己东出远行的亲友，并折下桥头柳枝相赠。

# 黄河绕着陕西走

黄河出兰州后，因为山脉阻隔，没有前行，而是一头扎进大漠深处，绕出一个大"几"字形来，只有"几"字的东线是沿着陕晋边界走的，看起来就好似它在绕着陕西走一样。

## 千里黄河一壶收

黄河流经陕晋交界的壶口时，河道骤然收紧至20米左右，并从高达50米的悬崖倾泻而下，形成巨大的黄色瀑布。它那飞珠喷溅、怒吼咆哮、奔流不息的浩大气势令人心折。

## 独领风骚的关中茶文化

关中长安既是秦汉隋唐等历代王朝的都城所在，也是陆上丝绸之路的出发点，因此茶文化积淀非常浓厚。而大唐的饮茶之风，也是从长安城的民间、宫廷走出，一步步席卷全国的。

### 最早的茯砖茶——泾阳茯砖

泾阳是南茶北上的必经之路。人们为了运输方便，将毛料茶压成砖茶，身带"金花"、具菌花香的泾阳茯砖茶应运而生。它是最早的茯茶，因在伏天加工而得名，曾畅销西域乃至波斯、俄罗斯等地数百年，被誉为"丝绸之路上的黑黄金"。

茶汤

干茶

### "口含茶"——秦巴雾毫

秦巴雾毫是汉中的特色绿茶，它有段"奇葩"的传说。旧时采制秦巴雾毫，采茶姑娘会将茶叶放入嘴里用口水浸泡十来分钟，然后再晾晒杀青，这样可以让它更香嫩，因此又叫"口含茶"。

茶汤

茶底

干茶

玻璃茶具的祖始——法门寺琉璃茶碗

神秘的秘色瓷

琉璃器一般用陶胎涂琉璃釉烧制而成，很少用来做茶具。法门寺出土的琉璃茶碗，大概是我国最早的玻璃茶碗了。它形状像盖碗，但只有茶碗和茶托，釉色浅黄带绿，高雅大气。

秘色瓷是越窑青瓷中的极品，它釉色如冰似玉，釉料配方秘不外宣，专供皇家使用。因此，直到西安法门寺出土唐代宫廷秘色瓷器后，人们才一睹它的真容。

# 长安宫廷清明茶宴

茶宴就是以茶代酒款待宾朋的宴会，兴起于唐代，当时以一年一度的"清明宴"最为盛大。清明节这一天，皇帝先用贡茶祭祖，然后在景色雅致的皇家庭院内举办茶宴，与臣民同乐。此茶宴有仪仗助威、乐舞助兴，香茶点心、精美茶具琳琅满目。

唐代流行喝饼团茶，煮制时需要经过烘烤茶饼、碾成茶末、过筛茶末、烧水、加调味料（盐、椒等）、投茶、煮茶、分茶等众多工序，过程繁复。

工序繁复的煎茶法

1. 烤茶

2. 碾磨

3. 过筛

4. 烧水

5. 投茶

6. 分茶

# 多元而美丽的文化长廊——甘肃

从空中俯瞰，高大的祁连山和山下狭长挺直的河西走廊搭建了甘肃的主要轮廓，南部是青藏高原、黄土高原、秦岭的交会处，也是甘肃唯一的产茶区。纵览全省，这里既是雪山、大漠、绿洲、草原、密林、冰川、黄河等众多地貌的汇聚之地，也是陆上丝绸之路的要道，坐拥玉门关、嘉峪关以及敦煌莫高窟等名胜古迹，历史积淀深厚。千百年来，不同的民族、宗教、文化在此交汇、冲突、融合，造就了多元而美丽的文化长廊。

# 巍巍祁连山

祁连山是青海和甘肃的天然分界线，它东西绵延近千里，平均海拔四五千米，在一片戈壁、沙漠、黄土中鹤立鸡群，犹如横插在西北干旱区的绿色孤岛和生命水源。正是有了它的庇护，才有了山间谷地广阔的草原牧场和山北肥沃的绿洲城市，因此游牧民族将它视为"天之山"，农耕民族则称它为"万宝山"。

## 西北的固体水库

在祁连山的腹地，分布着三千多条冰川，它们的蓄水量相当于5个丰水期的鄱阳湖。这些冰川是祁连山下河流的稳定剂，也是河西走廊绿洲城市的主要水源。

## "狗脸"狐狸——藏狐

藏狐头方、身长、腿短，还毛茸茸的，看起来好像一只多毛狗。它主要捕食高原鼠兔、高原鼠、旱獭等草食动物，因此牧民常把它视为草原益兽。

## "挖洞能手"旱獭

旱獭又叫土拨鼠，它耳小、眼细，却体形粗壮，肌腱发达，是挖洞能手。旱獭挖的洞可是个大工程，可深达数十米，大小洞之间还有曲道连接。

## 山丹军马场

"雪浩浩，山苍苍，祁连山下好牧场……"山丹军马场也是祁连山广阔牧场的一部分，它夹在祁连山和焉支山之间，水草丰美、风景宜人。

### 不断改良的山丹马

山丹马场建立后，历代曾引进蒙古马、伊犁马、顿河马等良种马进行杂交培育。如今的山丹马不仅头颈清秀、四肢修长，而且速度和耐受力俱佳。

# 河西大走廊

　　河西走廊在黄河以西，夹在龙首山、合黎山、马鬃山（北山）和祁连山（南山）之间，地形狭长像个大走廊，因此得名。它是连接中原和西域的咽喉通道，自霍去病击败匈奴后，逐渐将它经营成丝绸之路的黄金路段和封建王朝掌控西北的军事重镇。历经风沙的玉门关、嘉峪关、千年不枯的月牙泉以及遍地金黄的胡杨林，都是它沧桑历史的见证。

**千年不枯的月牙泉**

　　月牙泉是敦煌的明珠。它四周被沙丘团团包围，却历经千年不枯竭，堪称奇迹。这是因为有党河地下潜流源源不断地为它补充水源，又有环形沙丘将吹来的风变成向上的回旋风，将沙土吹到山脊，从而使得月牙泉能够"经历古今，沙填不满"。

# 明代雄关嘉峪关

　　嘉峪关是明代长城最西端的关口。它紧挨酒泉，依山傍水，有内城、外城、城壕等数道防线，城外还与长城、烽燧、城楼等连成完整的防守线，可谓规模宏大、攻守兼备，是不可多得的天下雄关。

## 风沙的杰作——雅丹地貌

　　玉门关的风往往烈得像"刀子"，风起时，飞沙走石、黄沙漫天，直至把山包磨蚀成一座座陡立的"古城堡"。这种地貌又称雅丹地貌。

## 不朽的生命赞歌——胡杨

　　胡杨是西北荒漠的巨人卫士，它抗风耐旱，生命力极其顽强，号称"一千年不死，死后一千年不倒，倒后一千年不朽"。

陆上丝绸之路从长安出发，经河西走廊、西域（新疆）到达中亚、南亚、西亚乃至欧洲，是人类史上绝无仅有的交通大长廊。自张骞凿通商路以来，千百年间，丝路上的商人和使者络绎不绝。他们将我国先进的农业文化和物产输入西方，西方的物产、艺术也由此传入国内，从此东西方文明紧密地联系在了一起。

# 陆上丝绸之路

## 「开路人」张骞

张骞是丝绸之路的"开路人"，他先后两次出使西域。第一次历尽艰险，耗时13年才初步探清西域的状况。第二次出使时，他携带大量丝绸一路交好各国，终于打通了中西交流的陆上通道。

## 葡萄美酒夜光杯

葡萄是西汉时引进的水果，但葡萄酒在唐代才开始真正走入寻常百姓家。产自酒泉的夜光杯就是当时饮葡萄酒的名器。

## 核桃

核桃是张骞从中东引进的，因为它是胡人的东西，外壳又像果核，所以就叫它"核（胡）桃"了。

## "红美人"石榴

石榴是西域奇果，又叫安石榴，它的果实犹如红宝石镶成。花朵鲜红的褶皱像舞裙，因而常被古人用来类比美人。

## 横抱的曲项琵琶

琵琶是经典的弹拨乐器，我国早就有直项琵琶，但曲项琵琶却是从龟兹传入的。它有梨形的共鸣箱、微曲的长颈，弹奏时要横抱，用拨子拨弦。

## 旋转如飞的胡旋舞

胡旋舞来自西域康居国，舞者身披彩带在一块花毯上急速旋转，脚步随节奏腾挪跳跃，舞姿狂放、妆容妖娆，感染力极强，在盛唐风靡一时。

## 丝路带来的西域美食和歌舞

丝绸之路带来了大量的西方舶来品，既有葡萄、核桃等美食，也有曲项琵琶等乐器以及旋转如飞的胡旋舞，极大地丰富了国内的饮食和娱乐生活。

# 辉煌的佛教艺术宝库——莫高窟

丝绸之路开通后，敦煌因为把控着西域与河西的交通要道，所以很快成为佛教东传的重镇和东西方文化碰撞交融的乐土。当地人热衷开凿石窟、塑造壁画彩塑，在沙海上建造出了莫高窟这一世间罕见的佛教艺术宝库。

## 敦煌壁画的精华——经变画

在佛教艺术中，常把佛经里的故事和哲理画成画或者雕刻成图像，这就是经变画，又叫变相。画内既有庄严华丽的佛教世界，也有妙趣横生的世俗场景，极富艺术感染力。

敦煌莫高窟 220 窟 北壁 东方药师经变画

花叶纹

# 被盗运的文物

1900年，莫高窟道士王圆箓意外发现了一个堆满经卷、帛画、刺绣等文物的藏经洞。只可惜那时清政府内忧外患，无暇关注，导致大部分精华文物被斯坦因、伯希和等西方探险家挑拣、盗运到国外，国内仅剩下少部分留存。

敦煌飞天是佛教飞神和道教飞仙的结合体，一般画在窟顶藻井、佛龛和经变画主角的上方。他们往往脚踏祥云、手捧鲜花，衣裙飘曳、彩带飞舞、凌空翱翔。

灵动飘逸的敦煌飞天

## 丰富多彩的纹饰

莫高窟拥有大量精美的装饰图案，有象征圣洁庄严的莲花纹，以金银花为原型的忍冬纹等。到了盛唐，还创造了硕大丰满的宝相花纹。

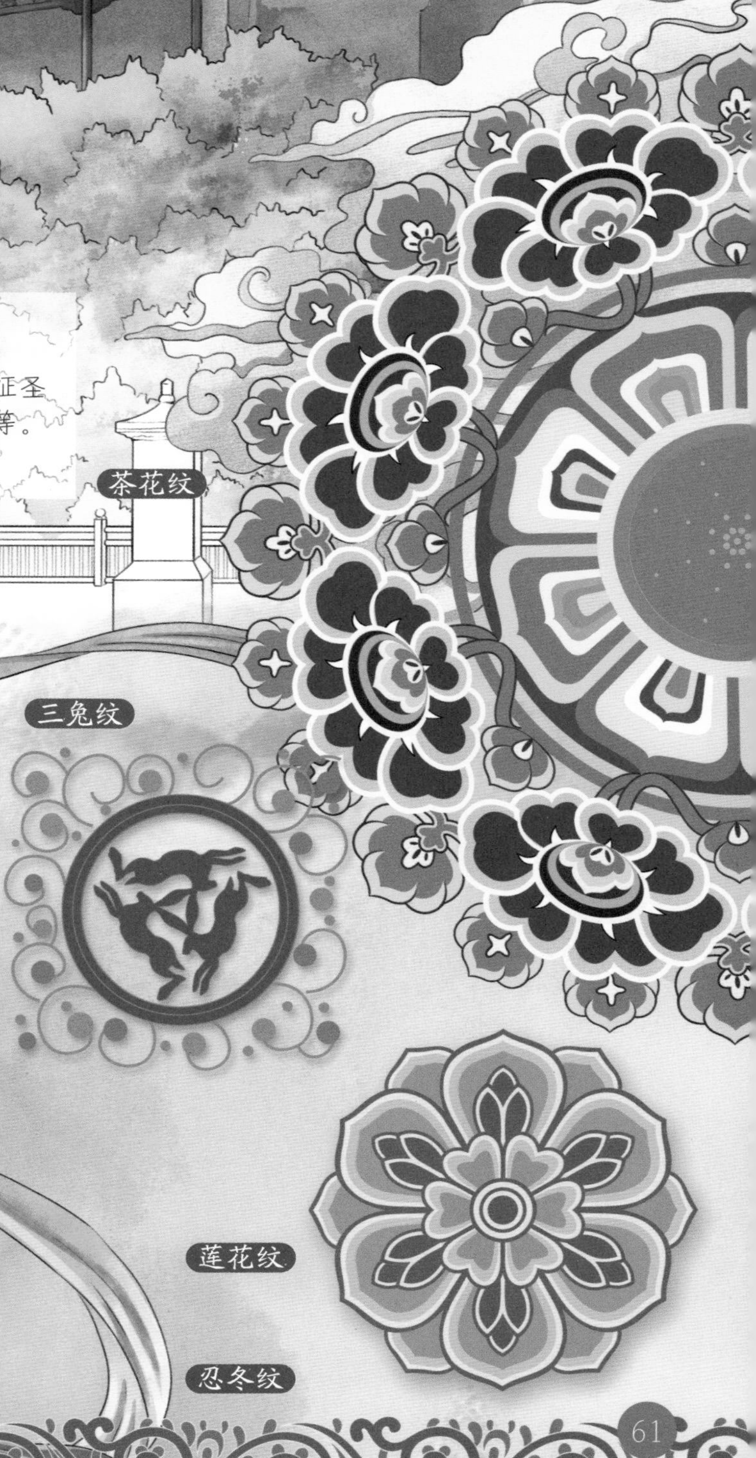

茶花纹

三兔纹

莲花纹

忍冬纹

# 好玩又好吃的农牧区民俗

甘肃自古以来就是农牧文化的交汇处，也是多民族的聚居区，因此这里的民俗风情既有农耕文化的特色，也有游牧民族的特点。

## 黄河边的羊皮筏子

"九曲黄河十八弯，筏子起身闯河关。"羊皮筏子是用充满气的牛、羊皮囊串联木板条扎成的筏子，顺流时节省人力，逆流时也能轻松把它扛走，可谓取材自然、轻便好用。

羊皮筏子

牛皮袋

## 刺激的渡河方式——出牛皮

黄河沿岸曾经还有一种更刺激的渡河方式，即将人装到牛皮袋中，再吹气扎口。然后艄公爬到牛皮袋上，一手抓袋，一手划水，仅用十几分钟就能到达对岸，但不安全。这一渡河方式如今已经没有了。

## 与众不同的盖碗茶——刮碗子

甘肃人把喝茶叫作"刮碗子"。他们也是用盖碗（又称"三泡台"）冲饮，但泡茶时爱往里放红枣、山楂干、葡萄干等干果或干花。

冰糖　山楂干　桂圆干

枸杞　葡萄干

红枣　茶叶　芝麻

## 刮茶有文有武

甘肃刮茶根据不同场合又分为文刮和武刮。文刮用在正式场合，几乎不出声；武刮则越大声越好，以示对主人的尊重。

馓子

## 寒食节的"快餐"面点——馓子

馓子是古代寒食节的一种油炸面点。那时为了纪念先秦名士介子推，规定寒食节（清明前一两天）禁火三天，因此人们都会提前用米或面粉扭成环状，油炸至金黄，做成快餐食用。甘肃、宁夏的人们都爱拿它来佐茶。

**图书在版编目（CIP）数据**

茶，一片树叶里的中国. 大器晚成江北茶区 / 懂懂鸭著. --北京：电子工业出版社，2023.8
ISBN 978-7-121-45982-5

Ⅰ.①茶…  Ⅱ.①懂…  Ⅲ.①茶文化—中国—少儿读物  Ⅳ.①TS971.21-49

中国国家版本馆CIP数据核字（2023）第130028号

责任编辑：董子晔
印　　刷：北京盛通印刷股份有限公司
装　　订：北京盛通印刷股份有限公司
出版发行：电子工业出版社
　　　　　北京市海淀区万寿路173信箱　邮编：100036
开　　本：889×1194　1/12　印张：24　字数：532千字
版　　次：2023年8月第1版
印　　次：2023年8月第1次印刷
定　　价：248.00元（全4册）

　　凡所购买电子工业出版社图书有缺损问题，请向购买书店调换。若书店售缺，请与本社发行部联系，联系及邮购电话：
（010）88254888，88258888。

　　质量投诉请发邮件至zlts@phei.com.cn，盗版侵权举报请发邮件至dbqq@phei.com.cn。

　　本书咨询联系方式：（010）88254161转1865，dongzy@phei.com.cn。

## ·作者团队·

　　懂懂鸭是飞乐鸟品牌旗下的儿童原创品牌，由国内多位资深童书编辑、插画师、科普作家协会成员组成，懂懂鸭专注儿童科普知识的创新表达等相关研究，坚持做中国个性的儿童原创科普图书，以中国优良传统美德和深厚的文化为核心，通过生动、有趣的原创插画，将晦涩难懂的科普百科知识用易读、易懂的方式呈现给少年儿童，为他们打开通往未知世界的大门。近几年自主研发一系列的童书作品，获得众多小读者的青睐，代表作有《国宝有话说》《好吃的中国》等，并有多个图书版权输出到日本、韩国以及欧美的多个国家和地区。